新疆是个好地方

广袤草原

本书编委会 编

新疆科学技术出版社

图书在版编目（CIP）数据

广袤草原/本书编委会编.--乌鲁木齐：新疆科
学技术出版社，2022.7
　（新疆是个好地方）
ISBN 978-7-5466-5206-1

Ⅰ.①广… Ⅱ.①本… Ⅲ.①草原－介绍－新疆
Ⅳ.①P942.450.75

中国版本图书馆CIP数据核字(2022)第127127号

▶────────────────────────────

总　策　划：李翠玲
执行策划：唐　辉　孙　瑾
项目执行：顾雅莉
统　　筹：白国玲　李　雯
责任编辑：白国玲
责任校对：欧　东
装帧设计：邓伟民

▶────────────────────────────

出　　　版：新疆科学技术出版社
地　　　址：乌鲁木齐市延安路255号
邮政编码：830049
电　　　话：（0991）2866319（fax）
经　　　销：新疆新华书店发行有限责任公司
印　　　刷：上海雅昌艺术印刷有限公司
版　　　次：2022年8月第1版
印　　　次：2022年8月第1次印刷
开　　　本：787毫米×1092毫米　1/16
字　　　数：152千字
印　　　张：9.5
定　　　价：48.00元

编委名单

▶ ————————————

主　　编：张海峰　沈　桥

撰　　稿：任　江　周　磊

特约摄影：晏　先　雅辞文化

摄　　影：（排名不分先后）

　　　　　马庆中　鱼新明　丁建斌　周　刚

　　　　　杨文明　杨予民　沈　桥　刘新海

　　　　　陈　曦　高　军　胡勇跃　马　琳

　　　　　宋　琦　陈德高　万俊辉　吴　斌

　　　　　吕自捷

　　　　　（如有遗漏，请联系参编单位）

参编单位：新疆德威龙文化传播有限公司

　　　　　新疆雅辞文化发展有限公司

　　　　　那拉提旅游风景区管理委员会

　　　　　巩留县文化体育广播电视和旅游局

▲ 江布拉克草原

谁说西出阳关无故人，一直往西走，父亲般的草原延伸天际，母亲般的大河流向远方。从一滴水珠的晶莹里，我发现了这片草原的斑斓；从一棵青草的芬芳中，我读懂了万物的生长。

▲ 巴音布鲁克草原

草原是文明之水的发源地。草原是黄河、长江、澜沧江、怒江、雅鲁藏布江、辽河和黑龙江等水系的发源地，是中华民族的水源地，也是人类文明的发源地；其中，黄河水量的80%、长江水量的30%、东北地区河流水量的50%以上都直接源自草原。

扫一扫带你领略大美新疆

▽ 喀拉峻草原

▲ 喀拉峻草原

△ 那拉提草原

　　草原是古老的，它诞生在新生代的干冷期，千百万年间气候的变化、草原的荣枯，谱写了一部大自然的史诗。在这部由植物传承的史诗里，草原是森林与沙漠之间的过渡。如果说森林是立体的生态屏障，那草原就是平面的生态屏障，在这道生态屏障里，草原综合了绿森林的湿极端与黄沙漠的干极端，温婉了自然的故事。

　　新疆是我国三大草原畜牧业基地之一，草原总面积8.6亿亩，约占全国草原总面积的22%，可利用面积7.2亿亩。新疆的草原类型多样，已知的高等植物有3270种，牧草有2930种，其中，分布面积广、饲用价值高的优良牧草382种。草原上放牧着牛、羊、马和骆驼，栖息着大量的飞禽走兽，动物与植物一起构成了新疆草原的生物多样性。

"无边绿翠凭羊牧，一马飞歌醉碧霄。"天山南北好牧场，东天山的伊犁草原、西天山的巴里坤草原、天山南侧的巴音布鲁克草原和伊犁河谷东端的巩乃斯草原，还有散布在天山南北的草原，仿佛是一个个沉睡的宝藏，千年来被穿越历史的马蹄踏醒。

　　草原上的骏马，马蹄可以溅起火星；《草原之夜》的歌声，传唱出一个年代的美好。谨以此书盘点新疆的草原之美，为你展示塞外广袤草原的宏伟篇章。

🔺 乌鲁木齐南山草原

🔺 昭苏大草原

阿勒泰草原大转场

CONTENTS

目　录

　　新疆地域辽阔，草原区面积约占全国草原总面积的22%，其中有不少著世闻名的大草原。

草原景区

扫一扫带你领略大美新疆

伊犁河谷

「空中草原
—— 那拉提」

→ 山河百色

那拉提草原位于伊犁哈萨克自治州新源县那拉提镇东部，是世界四大草原之一的中亚高山草甸植物区，地处天山腹地、伊犁河谷东端，总面积400平方千米，三面环山，巩乃斯河蜿蜒流过，可谓是"三面青山列翠屏，腰围玉带河纵横。"

▲ 那拉提草原组图

最先看到太阳的地方——那拉提

草原湿地

风情如画

很早很早以前，那拉提草原就是一个著名的牧场，在年降水量800毫米的温润气候下，牧草葳蕤，载畜量很高，有"鹿苑"之称。当地还流传着关于"那拉提"名字的故事。传说成吉思汗西征时，有一支蒙古军队由天山深处向伊犁进发，时值春日，山中却是风雪弥漫，饥饿和寒冷使这支军队疲乏不堪。不想翻过山岭，却是阳光明媚，眼前一片繁花织锦的广袤草原，泉眼密布，流水淙淙，犹如进入了另一个世界。这时云开日出，官兵们大叫"那拉提，那拉提"，于是这片"最先看到太阳的地方"被命名为那拉提。

▲ 空中草原

　　正因为太阳的青睐，四月的顶冰花，从雪地里冒出春天的气息。夏季，放眼望去，碧茵似锦，花海如烟，红色、黄色、蓝色、紫色的山花点缀在草原上；一个不经意的转身，跃入眼帘的便又可能是另一番风景，令人目不暇接，如痴如醉。秋季的草原色彩斑斓，冬季则是一派林海雪原风光，那拉提的四季皆可入画。

遍地黄花 ▶

🔺 顶冰花绽放

百花盛开

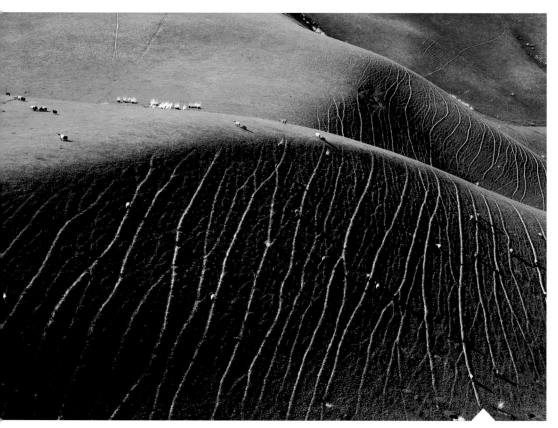

△ 大地脉络

△ 雪山遥望

△ 移步换形

那拉提山峦起伏，既有草原的辽阔，又有群山的峻拔；既有溪水的柔美，又有松林的磅礴。它以原始的自然风貌，向世人展示出天山深处一道立体的风景长卷。

那拉提草原景区入口处的河谷草原，犹如一幅油画，四季同现，层次分明，线条优美。景区深处的空中草原，高海拔的一马平川视野辽阔。毡房、骏马、羊群、牧人，自在而悠闲的生活，浓郁古朴的民俗风情，悠久的历史文化，构成了那拉提独特的草原文化。

蜿蜒的河流，平坦的山谷，高耸陡峭的山峰，茂密的森林和马背上的牧人，那拉提是人们心中回归自然的梦想。

草原姑娘雕塑

△ 浓墨重彩

△ 秋草客厅

△ 翩翩起舞

那拉提是一个山间盆地，被四面的群山托起，再加上平均海拔在2200米，高度位居整个伊犁河谷草原之首，被称为"空中草原"当之无愧。

　　1986年，那拉提草原被新疆维吾尔自治区评定为娜孜确鹿特草甸自然保护区，"娜孜确鹿特"是哈萨克语"牛羊在草地上撒欢"的意思。这片牛羊撒欢的草原有100多万亩，空中草原的"高"和"大"在这里得到了完美诠释。

　　俗话说"望山跑死马"，那拉提草原深处的雪山遥不可及，雪山中有一座雪莲谷，从天空中鸟瞰，周围山体酷似一朵盛开的雪莲，故而得名。雪莲谷的海拔在2500米以上，为雪莲的生长提供了适宜的环境，在每年的七八月份谷中都会看到盛开的雪莲花。五月份的雪莲谷也不寂寞，漫山遍野绽放着野生郁金香。

▲ 草原暮归

△ 喀拉峻草原

「立体草原
——喀拉峻」

 立体草原喀拉峻是世界自然遗产地、国家5A级旅游景区。　**AAAAA**

喀拉峻大草原属典型的高山五花草甸天然大草原，位于伊犁河谷的特克斯县境内，是西天山向伊犁河谷的过渡地带，距离八卦城15千米，由阔克苏大峡谷、西喀拉峻、东喀拉峻、中天山雪峰和天籁之林五大景区组成，总面积2848平方千米。

天山脚下喀拉峻 冬景

"喀拉"有深色、浓郁和辽阔的意思，"喀拉峻大草原"就是苍苍莽莽的草原。正如其名，景区内雪峰与峡谷相互辉映，森林与草原比肩联袂，春夏季百花绽放、姹紫嫣红，在晨曦落霞映照下，草原线条柔美、层次分明，构成一幅幅无与伦比的艺术画卷。

　　喀拉峻旅游区是"新疆天山"世界自然遗产地的重要组成部分，生物多样性最丰富、美学价值最高的区域。喀拉峻被诠释为：在全球200个生物多样性关键区之一的"中亚山地草原与林地生态区"中，以生态系统的独特性和完好的保持状态，成为天山山地针叶林、天山山地草甸草原最典型的代表，被联合国粮农组织誉为"世界上少有的高山天然优质大草原"。

2015年《中国国家地理》杂志在3月刊中推介的以"重新定义草原景观"为主题的新疆喀拉峻，给世人带来了一项重大贡献：它颠覆了一般草原给人带来的色彩单调、景观单一的审美"疲劳感"，展现出以其为代表的山地草原美学，从而定义了一种草原新景观——融合不同时空与色彩并且易于观赏的"立体草原"景观。喀拉峻成为"中国巅峰自然美"的形象代言者。

🔺 立体草原

喀拉峻位于古丝绸之路北道，是中国道教文化传播最西端的地方，是中国古代游牧民族建立京畿"牙帐"最多的地方，是世界上唯一的中国易经文化与草原游牧文化交融的地方。

五彩斑斓的花海及点缀其间的白色毡房，绿毯上散布的流云羊群，墨绿的原始森林，深邃的大峡谷，在蓝天、白云和雪岭冰峰的映衬下，构成一幅自然美好的画卷。

🔻 清晨

东喀拉峻景区内既有雪山和草原，也有森林和峡谷，景色多样，非常优美。五彩野花遍布的开阔草甸和雪山都是能出"大片"的美景。

▲ 东喀拉峻

▲ 花海

⬢ 立马扬鞭

　　西喀拉峻景区内草原壮阔无垠，远方巍峨雪峰林立，五色花海如潮般涌动，草甸如海浪般层层漫卷。这里有着悠久的军马驯养历史，每到转场时节，万马奔腾如闪电疾风。

　　阔克苏大峡谷景区景观特色主要以峡谷地貌、水体景观、高山草原为主，集高峡平湖、雪山群峰、原始植被、峰峦绝壁、溪流奇石为一体，生态和人文景观相互辉映，气象万千。在这里，你可游船览胜、漂流探险，还可品尝美食，感受独特的哈萨克民俗和兵团戍垦文化。

▼ 阔克苏大峡谷

△ 草原牧场　　　　　　　　　　　　　　　　△ 草原牧马

库尔代漂流

九曲十八弯位于阔克苏大峡谷景区，在此可欣赏阔克苏河在巍峨天山映衬下的秀丽美景。

阔克苏河在阔克苏大峡谷宽广的谷底曲折流转，如蛟龙过境迂回向前，形成南北长约5600米、东西宽约2000米的九曲十八弯。河谷周围群山环绕，山峦重叠；谷间河水平缓，波光荡漾；河岸植被郁郁葱葱，炊烟混合着林间轻雾氤氲缭绕，牧民的毡房零零落落，晨曦落霞中隐现出山峦柔美的线条，意境绝美。

云雾缭绕

△ 鳄鱼湾

△ 九曲十八弯

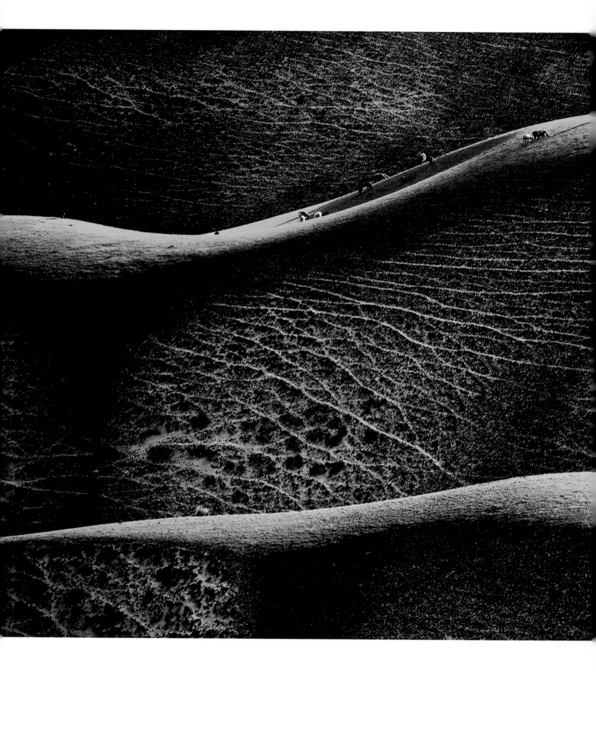

△ 曲线草原

曲线草原位于九曲十八弯观景点的西侧，草原线条起伏、沟壑纵横，在明暗光影的衬托下呈现出宛若人体的曲线之美。

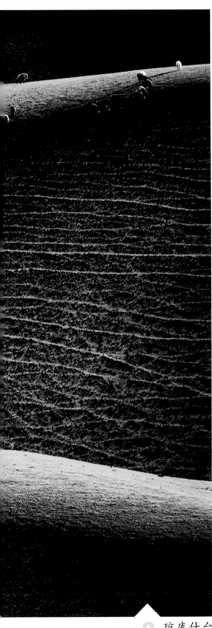

 琼库什台

「天山最美绿谷
—— 库尔德宁河谷草原」

天山最美绿谷库尔德宁河谷草原是世界自然遗产地、国家级自然保护区、国家4A级旅游景区。

AAAA

→ 山河百色

　　库尔德宁草原位于巩留县东南林区，距县城88千米。景区内有世界雪岭云杉和中亚野果林的起源地和最佳生境，是"天山最美的绿谷""雪岭云杉的故乡"，被评为中国最美十大森林之首。景区环境宜人、景色绝美。库尔德宁景区也是中国美术家协会写生创作基地、中国登山训练基地。

▽ 河谷初冬

草原春色

氤氲晨雾

绿色交响曲

🔺 库尔德宁—恰西游线

绚烂金秋

喀班巴依峰 ▶

▽ 月亮湾

　　库尔德宁景区是一条南北走向的山间阔谷，长约14000米，最宽处约1000米，谷底平均海拔1500米。库尔德宁是"横沟"的意思。通常山谷多是顺山势而下形成沟谷，库尔德宁的沟谷却与雪山平行，特殊的南北走向使这里成为冬暖夏凉、气候宜人的河谷草原。

秋色

云杉   秋韵

库尔德宁堪称欧亚大陆腹地野生生物物种的天然基因库。这里有天山山脉最繁茂的森林，拥有单位蓄材量罕见的云杉森林资源、完整的原始森林类型及植被，是整个天山森林生态系统中最为典型的代表。景区内有1000余种高等植物、146种陆栖脊椎动物和196种昆虫，其中国家重点保护动物就有30余种。

冬景

库尔德宁是伊犁哈萨克自治州州树、州花、州鸟的家园。州树——雪岭云杉，苍劲挺拔、四季青翠，树高达五六十米，树龄一般都超过300岁。人站在树下需要仰天而望才能一窥全貌，因此雪岭云杉又被称为"望天树"。州花——天山雪莲，是国家一级保护植物、名贵的药用植物，生长在海拔三四千米的雪线附近。雪莲三到五年才开花结果，花大如莲花，叶色如碧玉。州鸟——金雕，是国家一级保护禽类，翼展可达两三米，被誉为"猛禽之王"。除了狩猎，它还可以帮助牧民看护羊圈，驱赶野狼。

▲ 野果马林（树莓）

▲ 老人和金雕

转场

伊犁马

▲ 恰布其海

莫乎尔—曲如克区

暮合四野

恰西

　　库尔德宁景区内雪山、森林、草原、河流、瀑布相间，既有西北地区的粗犷壮美，又有宛如江南水乡的妩媚清秀。进入景区，四面环山，山水相映，草原与森林交织，深峡与冰谷错落，登高远望，景致迷人。近看绿草如茵，远眺层林叠翠，蓝天、白云、雪峰、草原相映，令人顿时心生愉悦，有返璞归真之感。这里像是童话中的世界，又像是人们想象中的世外桃源。眼前的美景，让语言显得那么苍白无力，有此时无声胜有声的感觉。

"云杉灵光"

天山红花

△ 塔里木景区

江布峡谷是库尔德宁主要的一条支沟，全长约26千米。江布河沿河谷潺潺流出，是库尔德宁河的主要补给水源。江布峡谷因为一位英雄而得名，峡谷尽头是江布达坂，自古以来就是通向巴音布鲁克草原的驿道。江布峡谷的古墓地曾经出土过一尊卧姿公羊，长15厘米、高4~5厘米，滋润光滑，栩栩如生。

石门峡谷又称"阿克吐也克"，意为"白色的绝境"。因沟谷狭窄，形状像门而得名。峡谷全长17.5千米，有河水从谷内流出。这里云杉密布，时常有野生动物出没。

恰西国家森林公园位于巩留县东南部山区，距离县城78千米。景区内风景优美，春夏水草丰茂、牛羊成群。主要景点有恰西谷口瀑布、燕子桥、石门垂柳、云杉王等，是休闲观光、避暑度假胜地。1988年，恰西风景区被辟为巩留县第一个旅游景区，2004年被批准为国家森林公园。

🔺 恰西炊烟

△ 恰西景区

△ 恰西秋色

　　野核桃沟景区地处巩留县东南部伊什格力克山腹地，距县城13千米，总面积约1.8万亩。景区内动植物资源极为丰富，种类繁多，现已查明的珍稀动植物就有354种之多，最著名的是中国独有的第三纪孑遗物种野核桃，现有成龄野核桃树10000余株，极为珍贵，有很高的科研价值和观赏价值。

「百里画廊
——唐布拉草原」

唐布拉草原是国家级森林公园，有"亚洲四大最美草原"之一的美誉，国家4A级旅游景区。

AAAA

　　唐布拉草原位于伊犁哈萨克自治州尼勒克县东部，夏、秋两季是唐布拉草原最美丽的时节，每年都吸引了大批摄影家、画家和游客，这里还是曾经风靡一时的电影《天山红花》的拍摄地。

　　美丽的唐布拉草原是伊犁地区的优良牧场之一，S315省道贯穿其间。三百里河谷风光惹人醉，三百里自然景色令人迷。草原、温泉、雪峰、河流……唐布拉草原的三百里风景画廊是伊犁河谷的瑰宝。

▼ 百里画廊

"唐布拉"是"印章"之意。在景区东侧山梁上,有一块硕大无比的红色岩石,形状非常像古代皇帝用的玉玺,唐布拉因此得名。进入唐布拉景区,流泉瀑布、淙淙溪流、冰峰雪岭、幽深湖泊……都在蓝天之下、绿茵之中,美不胜收,真可谓遍地花海,处处是景。

　　唐布拉草原其实是喀什河上游的山谷和草原的统称,这里共有113条沟。千沟千面,每一条沟都有各自的特点、亮点。沟沟有美景,景景皆不同。高山、草原、河流、温泉四大亮点让人流连忘返。

　　游览唐布拉草原，像是在欣赏大自然如椽巨笔绘就的一幅立体风景画。和人们印象中一马平川的平原草原不同，唐布拉草原是典型的高山河谷草原，来到这里，人们不仅可以看到平坦的草场，还可以领略到连绵起伏的群山、白雪皑皑的山峰、郁郁苍苍的松林等。雪山、松林、山丘、草甸以及河流融合在一起，成为一幅立体图画。

　　由于气候湿润，年降水量大，唐布拉草原草肥水美，气候宜人，是当地的夏牧场。每年夏季，成群成群的牛羊散布在草原上。俯瞰山间，繁花似锦的草原上，顶顶白色的毡房散落其间，羊群如云在草地上流动，让人悠悠忘返。

▼ 唐布拉草原

草原红花 ▶

→ 风情如画

　　布隆温泉从外形上看像漏斗，又像月牙。温泉泉水从断层破碎带的裂隙中涌出并汇集在溪流中，水温常年在40℃左右。温泉中富含多种矿物质，对皮肤病、风湿病和关节炎有一定疗效。

　　在木斯乡草原上，漫山遍野盛开着的天山红花竞相开放，与远处高低错落的群山、蔚蓝澄澈的天空、形态万千的白云，组成了一幅美丽的水彩画。娇艳、绚丽的天山红花使这里成为极佳的摄影地，无数游客慕名而来。

▼ 凌寒绽放

阿克塔斯是"白石头"的意思。阿克塔斯景点是唐布拉草原上原始森林最密集之处。放眼望去，山坡上是茂密的雪岭云杉林，树冠如伞，幽林深深。这里的云杉大多有两三百年树龄。

小华山是阿克塔斯景点里的一座山，奇峻险拔，陡峭无比。小华山登山道于2002年起修建，全长1080米，以"九曲十八弯"的理念设计了18个转点。登山道修筑所需的材料均由人工和马匹搬运上去，历时两年才完成。山顶绝壁边有一座亭阁，登临亭阁，俯瞰巍巍远山，遥望辽阔草原，仰望头顶流云，令人心旷神怡。

仙女湖位于阔尔克避暑山庄之南的山中，湖长550米、宽10米。湖泊玲珑秀丽，景色宜人。湖水是由地下泉水汇聚而成，不仅富含矿物质，而且清凉甘甜，被游客称为"甘露水"。

「天马故乡
——昭苏大草原」

 昭苏大草原被称为天马的故乡，是中国最著名的四大草原之一。

→ 山河百色

昭苏大草原位于昭苏县，属温带山区半干旱半湿润冷凉气候，冬季漫长寒冷，夏季短暂，春秋季近乎相连。昭苏大草原处于群山环抱之中，奔腾不息的特克斯河横贯昭苏县，带来了丰沛的水资源。优厚的水土光热条件，造就了水草丰茂的昭苏大草原，使其成为中国著名的四大草原之一。昭苏大草原拥有"中国天马故乡""中国最美的油菜花观赏地"等美名。

▼ 百里画廊

广袤
草原

静谧草原

万马奔腾

　　如果还不曾到过草原，那你一定要来昭苏大草原，它会让你爱上草原；如果已经去过草原，你也一定要来昭苏大草原，它会让你领略不一样的草原风光，满足对草原的所有想象。绿草如茵，繁花似锦，蜂飞蝶舞……草原有的景致这里都有。昭苏大草原最令人着迷的是它的静谧悠然。无边草原像一张巨大的绿毯，从眼前直铺到天边，无边无际，静默无声。成群的马儿，或低头吃草，或悠然散步，它们才是这里的主人。游人来到昭苏大草原，就像一滴水融进了湖泊之中。走进昭苏大草原，像走进一幅画，走入一个梦，让人不忍惊扰原有的一切，只想成为风景的一部分，于是，浮躁凌乱的心境变得豁达恬淡。

昭苏湿地公园

△ 长河饮马

每年7月，当国内其他地方的油菜花已是繁花落尽之时，昭苏大草原上一望无际的油菜花却迎来了盛放的时节。在这个昭苏草原一年中最美的季节，泥土的清香、油菜花的芬芳弥漫于群山原野之间。千千万万株貌似平平常常的油菜花组成了一幅恢宏绚丽的美景，仿佛满城尽带黄金甲，让人沉醉。

△ 金色草原

▲ 油菜花田

▲ 花开原野

　　昭苏大草原还有七彩绚烂的美。昭苏县是中国气象局公共气象服务中心命名的"中国彩虹之都",不仅吸引了众多"追虹者"前来,更让许多追求浪漫情怀的人着迷。夏季是最好的"追虹"时节。昭苏三面环山,夏季冷暖空气交汇频繁,对流天气频发,经常出现雷阵雨,雷阵雨过后就会出现美丽的彩虹。有时,同一个地方一天甚至能看到多次彩虹,90%以上为"双彩虹",甚至出现过"三彩虹"。绚丽彩虹,延绵雪山,无边油菜花田……浪漫满天!

夏塔古道

　　夏塔古道起始于昭苏县的夏塔乡，分布在昭苏县和阿克苏地区温宿县境内。夏塔古道也叫唐僧古道，传说唐玄奘曾途经这里，它是连通南北疆的捷径，是古丝绸之路上一条最为险峻的著名古隘道。古道周边分布有岩画、石洞、冰窟、石人等，险要的地势、独特的气候更为古道增添了神秘色彩，吸引了大量的游客和探险者。

　　草原石人是欧亚大陆上的文化遗迹，而昭苏的草原石人雕刻之精细、数量之众多，是新疆之最。著名的草原石人有阿克亚孜山口石人、叶森培孜儿石人等，草原石人所在之处都是自治区重点文物保护单位。

广袤
草原

▲ 天马

　　昭苏县是中国天马之乡、全国全域旅游示范区。位于昭苏县城西南17千米处的昭苏县天马旅游文化园是马文化的重要展示地，可提供世界名马展示、伊犁马骑乘体验、马术夏令营、马上竞技表演等旅游服务，既可开展专业马术运动、马匹性能测定及训练比赛，也可开展姑娘追、叼羊、马上拾银等民俗运动。

▲ 牧归

「中国最大高山草原
—— 巴音布鲁克草原」

巴音布鲁克草原是国家级自然保护区，国家5A级旅游景区。 **AAAAA**

　　巴音郭楞蒙古自治州幅员辽阔、山河壮美，是"大美新疆"的重要组成部分。独特的自然地理条件，造就了地形地貌的神奇多样，大漠戈壁、森林草原、冰川雪峰、河流湖泊等多种景观交相辉映，使得巴音布鲁克具有原生态、多样性和不可替代性的特点。

△ 高山草原巴音布鲁克

巴音布鲁克草原位于巴音郭楞蒙古自治州和静县，是天山山脉中段的高山盆地，四周雪山环抱，平均海拔约2500米，面积23835平方千米，由大巴音布鲁克草原、小巴音布鲁克草原以及珠勒图斯等丘陵草场组成，是中国仅次于鄂尔多斯草原的第二大草原，也是中国最大的高山草原。

巴音布鲁克草原属高山盆地，地势平坦，河流密布，水草丰茂，是典型的禾草草甸草原，也是新疆最重要的畜牧业基地之一。巴音布鲁克，意为"永不枯竭的甘泉"，这里水源补给主要是冰雪融水和降雨，因而形成了数量众多的湖泊、沼泽和草地。

▲ 澄江如练组图

巴音布鲁克周围环绕着白雪皑皑的雪峰、蜿蜒的河流、广袤的草原，是一处世外桃源般的所在。当年，清政府将这里作为不畏艰险、毅然东归的土尔扈特部的放牧地之一。

▲ 牧野天堂

▲ 草原初雪

▲ 落日余晖

　　巴音布鲁克景区是以天山高位大型山间盆地中高山草甸草原和高寒沼泽湿地生态系统为背景，以开都河上游河曲、沼泽湿地为主体的自然景观旅游区。景区总面积约1118.4平方千米，主要由"新疆·天山"世界自然遗产地，全国最大的国家级天鹅自然保护区——天鹅湖（核心景观区），中国绝品景点——开都河九曲十八弯以及中国首批特色景观旅游名镇、中国最美村镇——巴音布鲁克镇四部分组成。2005年，巴音布鲁克景区被《国家人文地理》杂志评为中国最美的六大沼泽湿地之一。2013年，巴音布鲁克景区入选中国最美十大魅力湿地；同年6月，巴音布鲁克景区作为"新疆·天山"世界自然遗产地之一，被列入世界自然遗产名录。2016年10月，巴音布鲁克景区被评为国家5A级旅游景区。

草原湿地

仲夏时节，草原上鲜花盛开，争奇斗艳，白色的羊群点缀其间，顶顶雪白的毡房散落在远远近近的山坡上。"这里的空气纯净得像被过滤了一样，景色美得如在画中，是我去过的世界上最美的地方之一。"这是一位国外生态学家在巴音布鲁克草原的感慨。

赛马

　　2019年上映的电影《飞驰人生》中飙车戏令人血脉偾张，电影的取景地就是巴音布鲁克草原。许多车迷激情高喊"想去征服巴音布鲁克"，而对更多的游客而言，能不能在巴音布鲁克享受飞驰人生并不重要，重要的是来到这里就是在享受人生了。

🔺 奔驰

天鹅湖是中国最早的，也是唯一的天鹅自然保护区。天鹅湖实际上是由众多相互串联的小湖组成的大面积沼泽地，水草丰茂，气候湿润，风光旖旎。如果你想看到天鹅，那么就要选择5月至8月来此游览。

🔺 国家二级保护动物大天鹅

▲ 国家一级保护动物黑鹳

▲ 国家二级保护动物灰鹤

🔺 九曲十八弯

　　巴音布鲁克草原上的开都河共有大小13处泉水、7个湖泊以及20条支流，蜿蜒在平坦草原上的开都河造就了堪称世界级的绝美景观——九曲十八弯。落日余晖中，在连绵起伏的远山映衬下，于逶迤蜿蜒的开都河中，能够看到"九个太阳"的奇观，令人震撼。

「绿色天堂
—— 巩乃斯草原」

巩乃斯草原是国家级森林公园、国家5A级旅游景区，被誉为"绿色天堂"。**A A A A A**

→ 山河百色

巩乃斯草原位于和静县西北部、巩乃斯河的上游，距和静县城255千米、库尔勒市330千米，国道217线、218线贯穿其间。

"巩乃斯"意为"绿色的谷地"，巩乃斯草原为巩乃斯河流域各草原的统称，范围从巩乃斯林场一直到伊犁河谷地，是著名的四大河谷草原之一，属山地草甸草场和森林草甸草场，其中草原面积8.29万公顷。受伊犁河谷暖湿气流的影响，巩乃斯草原形成了独特的生态环境单元，四季分明。巩乃斯景区海拔1800~3200米，年平均降水量800毫米，最高达1200毫米，夏季平均气温在17.7℃左右。

▲ 草原春色

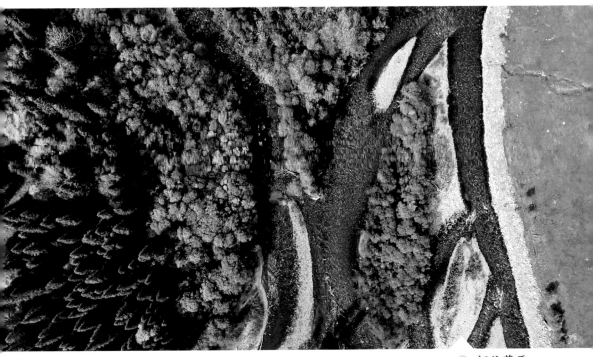

河谷草原

雨后巩乃斯

草原秋色

风情如画

　　巩乃斯被誉为"绿色天堂"，景区有100多条沟系，山体由上到下依次生长着云杉、桦树、山杨、山柳等混交林，有着"高山动植物园""翡翠王国"之称。2003年，巩乃斯森林公园获批国家级森林公园。

　　生态宜居的巩乃斯镇、风光迷人的巩乃斯国家森林公园、神奇的阿尔先温泉、山花烂漫的班禅沟、水雾弥漫声如雷鸣的洪加里克瀑布、俊美奇险的伊开结楞沟、令人神往的仙女湖等众多景点，让巩乃斯景区成为集观光、休闲、疗养为一体的综合型旅游度假胜地。

▲ 草原达坂

△ 巩乃斯河

△ 冬景

▲ 雾凇

　　巩乃斯历史悠久，自然风光秀丽，是令人神往的世外桃源。

　　巩乃斯草原四季景色俱佳，时时刻刻都能令人耳目一新。初春，冰雪消融，满眼新绿；仲夏，枝繁叶茂，百花竞放；金秋，层林尽染，绚烂多彩；寒冬，冰封雪冻，晶莹剔透。每年的5月初到8月中旬，是巩乃斯草原最好的季节。这里俨然是花的海洋，红花渲染了大地，密林溪水清幽，草原牛羊成群。尤其是五彩缤纷的班禅沟，怒放在天山深处高寒地带的山花傲然挺立，花期之长实属罕见。

　　巩乃斯景区集草原雪山、冰川河流、湖泊森林、温泉飞瀑等各种自然景观为一体，是游客消夏避暑、观光旅游的理想去处，也是摄影爱好者心仪的拍摄之地。每当太阳升起云开雾散之时，蓝色的巩乃斯河、葱绿的草地、墨绿的云杉相互映衬，光影融合，山谷中呈现出翡翠色，于是人们又把巩乃斯谷称作"翡翠谷"。

　　"云中翡翠谷，圣地巩乃斯。"奇花异草、珍禽异兽给巩乃斯草原增添了勃勃生机，生态环境的日益优化，让巩乃斯的如诗美景更加迷人。

湖畔牧歌
——巴里坤大草原

巴里坤草原是新疆三大草原之一，有八大名胜古迹。

　　巴里坤大草原位于哈密市巴里坤县，地处巴里坤盆地，土地肥沃，牧草茂盛。盛夏，巴里坤草原水草丰美，绿草如茵，空气清新，是避暑的好去处。

▼ 花海

巴里坤湖位于巴里坤盆地最低处，属高原性咸水湖泊，由巴里坤盆地地表径流、地下径流和四周泉水汇聚而成。巴里坤湖古称"蒲类海"，史书中多有记载，水域面积最大时达800多平方千米，可谓是烟波浩渺。目前，巴里坤湖水域面积近百平方千米，民间称之为"西海子"，是巴里坤的一大景观。

▲ 草原银河

▲ 山畔草原

△ 巴里坤草原

　　巴里坤湖对提高周边地下水位、保持湿地生态平衡、调节盆地气候、增加降雨量都起着至关重要的作用。在湖畔，尤其是湖东侧，水洼遍布、芦苇丛生，出现了广袤的草原，牧草繁茂，生物的多样性得到充分的体现。每年春、夏、秋三季，各种各样的水鸟成群结队地或飞掠过湖面，或在湖中觅食，啼鸣声不绝于耳，使得巴里坤湖呈现出一派生机。

国家二级保护动物蓑羽鹤

秋牧

每到绿草如茵、野花竞放的季节，牧民们就赶着羊群来到巴里坤湖，游牧湖畔。这里是绿色的天堂、牧人的乐园，羊群像朵朵白云飘在草原之上，远远近近，毡房点点，炊烟袅袅，奶茶飘香，好一番田园牧歌的美景。每年，草原上都要举办传统体育运动会。 时间，百骏奔腾，马蹄声响彻草原，强壮的小伙子、活泼的姑娘表演起传统体育项目，尽显草原儿女的豪情和健美。

▲ 草原牧马

▲ 湖畔叼羊

▲ 落日余晖

▲ 湖畔野花

如今，经过多年的建设，如诗如画的巴里坤草原更添魅力，"天山松雪""龙宫烟柳""镜泉宿月""岳台留胜"等景观远近闻名。

高家湖景区处于巴里坤草原腹地，这里湖水与草原相生相伴，牛羊悠然游走在湖畔，油菜等农作物苗壮成长，呈现出农耕、放牧、渔业并举的格局。湖中芦苇茂密，有一人多高，小船游弋其中，在曲折的水道之中一转弯便失去了踪影，常常只闻人声却难觅其踪。赤麻鸭、黄鸭等水鸟深藏芦苇之中，独特的湿地生态环境和丰富的水资源为野生动物提供了重要的栖息和繁衍场所。

▲ 涉禽大白鹭

新疆除了前面提及的著名草原景区之
外，还有一些特色草原。

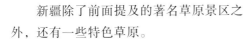

特色草原

扫一扫带你领略大美新疆

草原模板
—— 乌鲁木齐南山草原

南山在乌鲁木齐是家喻户晓。乌鲁木齐南山草原是指位于乌鲁木齐市南部、北天山的喀拉乌成山北麓的南山牧场，距离市区75千米，是可供休闲旅游的山区草原，夏可纳凉避暑，冬可滑雪戏雪，有"乌鲁木齐的后花园"之称。

▽ 乌鲁木齐南山

△ 草原花毯

南山松林

▲ 索尔巴斯陶草原

→ 风情如画

　　南山草原地处中山和低山的过渡带，属山丘、森林草原结构，既是优良的天然牧场，又是避暑、疗养、休闲的绝佳去处。这里分布着东西走向的10条大小沟谷，沟沟景色迷人。南山在唐朝时就是著名的狩猎区，清朝时是有名的牧场。纪晓岚曾夸赞道："牧场芳草绿萋萋，养得骅骝十万蹄。"

▲ 草原暮色

南台子冬景

鸟瞰南山

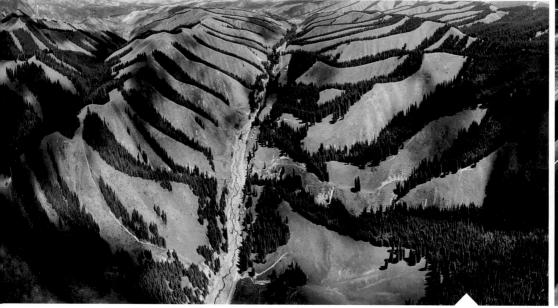

谢家沟

南山草原集中了天山北坡草原的所有元素，雪山、森林、草原、牧场、民俗文化等应有尽有，是融自然景观和人文景观为一体的新疆知名风景区，如今已经被规划入乌鲁木齐大南山国际旅游区。

△ 南山沟谷

人间烟火

乌鲁木齐天山大峡谷景区是南山牧场的一个新景区群，为国家5A级旅游景区、国家级森林公园、国家级体育运动休闲基地。这里有天山北坡最完整、最具观赏价值的原始雪岭云杉林，是人类农耕文明之前游牧文化的活的博物馆，具有极高的旅游欣赏、科学考察和历史文化价值。景区内旅游资源丰富，有险峻陡峭的山体、神秘的原始森林、碧绿的山谷草原、奔腾的谷底溪流、浓郁的哈萨克民俗风情，囊括了除沙漠以外的新疆所有自然景观，是天山脚下的绝佳旅游胜地。除此之外，天山大峡谷中还有多种多样的动植物，或许你可以目睹它们的风采。

▼ 天山大峡谷初冬

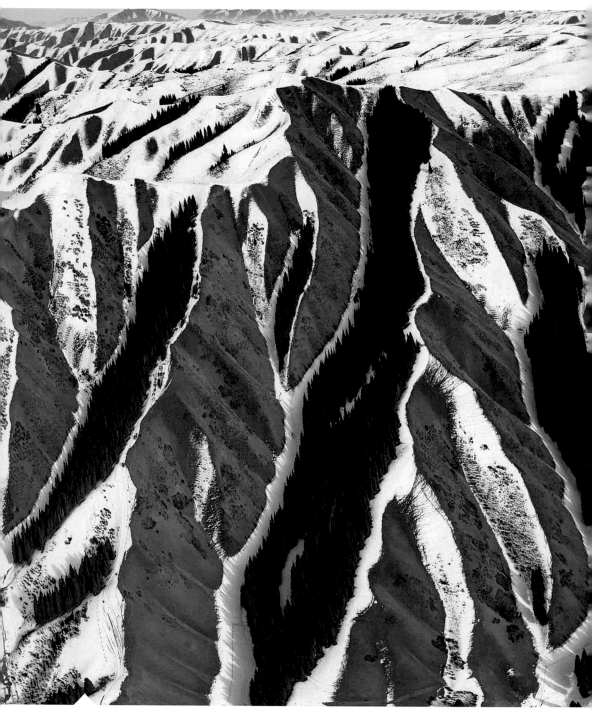

雪岭菊花台

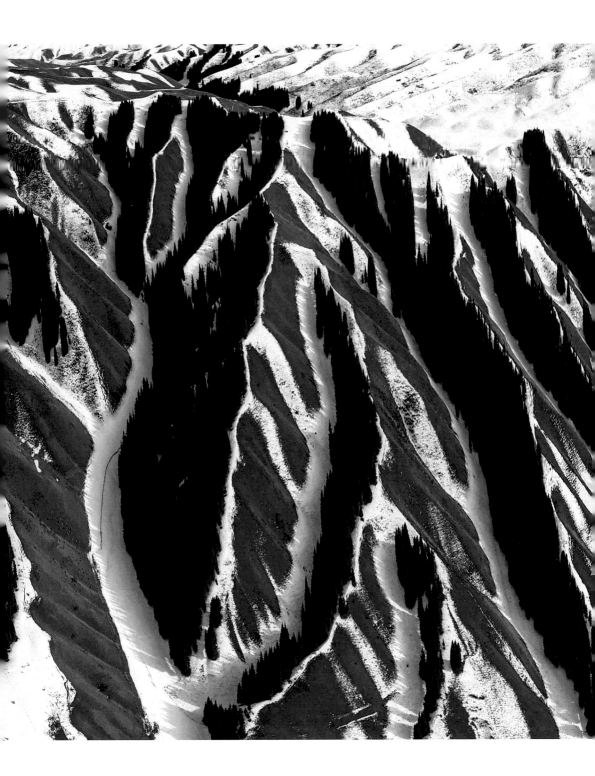

△ 国家一级保护动物北山羊

△ 太平鸟

△ 红腰朱雀

△ 白斑翅拟蜡嘴雀

△ 槲鸫

　　苜蓿台生态公园位于南山草原内，三面环山，坐拥如茵草甸，群峰叠嶂环绕。清风过处，松涛阵阵；极目远眺，市区依稀可见。景区内绿草葳蕤，野花缤纷，从春季到秋季，十多种野花次第开放，色彩斑斓，美不胜收。苜蓿台生态公园2004年被评为乌鲁木齐"十佳景区"，2009年被评为国家4A级旅游景区。

◀ 苜蓿台之春

▲ 苜蓿台初冬

▲ 苜蓿台景区

陪伴

苜蓿台冬牧

层峦叠嶂

「圣水之源
—— 江布拉克草原」

山河百色

江布拉克草原地处奇台县东南部，位于天山山脉东段博格达峰北麓，距奇台县城45千米，距乌鲁木齐市195千米。江布拉克草原属于高山草原，水草茂盛，山花遍野。

在这里，远山近水相映，林海雪峰交融，绿波花海如潮，一派宁静祥和的自然风光。美丽的江布拉克，以其秀美迷人如诗如梦的花海子、明净清幽的黑涝坝、世界之最的天山怪坡，以及阡陌纵横的田园风光吸引着众多游人的目光。

江布拉克景区资源类型属自然景观、水域风光和生物景观三大系统，包括雪峰、冰川、古冰川遗迹、湖泊、河流、沼泽、泉水、峡谷、五花草甸、雪岭云杉、河谷林、阔叶林、灌木林、古城、麦田、村落等，拥有8个主类、20个亚类、37个基本类型、61个资源单体，先后获得国家4A级旅游景区、国家级文物保护单位、国家森林公园、中国农业文化遗产等称号，旅游资源极为丰富。

▲ 远山之韵

▲ 大地调色盘

▲ 草色入帘青

　　每年六七月，是江布拉克变幻着色彩和美景，充满着神奇和诱惑的最佳时节。没膝的党参花、贝母花和不知名的小黄花漫山遍野，竞相开放；远山起伏，重峦叠嶂；苍松翠柏，连绵不断。江布拉克的雪峰、林海、绿草共同构成了一幅美妙的山水画卷。

　　江布拉克风光绮丽多姿，一山有四季，四季景不同。繁花似锦的花海子，清冽可鉴的圣水潭，断崖耸立的刀条岭，怪石嶙峋的马鞍山，林海茫茫的松翠谷，神秘妖娆的升仙湖……一草一木，皆显诗情与画意；一山一水，充满神奇和诱惑。

▲ 丰收

 初开

花海

秋韵

春色

△ 丰收

　　江布拉克万亩旱田位于奇台县半截沟镇、县城以南大约38千米处。此处山峦起伏，林木葱郁，花草遍地，水泉淙淙，大片大片的块状油菜田和麦田成各种几何形状错综排列，望不到边的绿色平滑如镜，映满眼帘，山风吹过绿浪宜人。

　　万亩旱田起源于汉代的旱作农业，这让江布拉克成为中国屯垦戍边文化的重要发祥地，是中国乃至世界具有唯一性、稀缺性和典型性的重要农业文化遗产，享有世界"最高、最大的麦田"的桂冠。收获季节，一眼望不到边的山峦上，金黄色麦浪随风起伏，万亩旱田如画美景惹人迷醉。

石城子遗址是江布拉克景区内著名的汉代疏勒故城遗址，东汉校尉耿恭以数百人固守孤城、抗击匈奴数万大军的壮歌流芳百世。这里也是迄今为止新疆发现的唯一年代准确可靠、形制基本完整、保存状况完好、文化特征鲜明的汉代古遗址，更是新疆自汉代以来就是中国领土不可分割的一部分的历史见证。石城子遗址2013年获批"全国重点文物保护单位"，并被评为2019年度全国十大考古新发现。

◀ 曲径通幽

天山怪坡是江布拉克景区内最知名的景点之一。怪坡南北走向，长290米、宽80米。这段路在视觉中明显呈北高南低状，与南高北低的整个大道正好相反。由于视觉错觉，出现了"上坡轻松，下坡费劲""阴天下雨水倒流，汽车下坡要加油"和"水往高处流"的"怪"象。2005年5月17日，上海大世界吉尼斯总部经过实地勘察后颁发了证书，"天山怪坡"以其290米的坡长获得吉尼斯之最，成为世界上"第一怪坡"。

◀ 碧草如茵

郁金香花海

　　花海子位于天山怪坡以南的山坡上，以五彩花海闻名，素有"千花百药谷"之称，生长着20多种名花异草。从夏到秋，淡蓝色的党参花、紫色的贝母花、白色的野茴香花、黄色的金边花等姹紫嫣红，竞相开放，当地有"手抓一把草，草草都是药"之说。这里还盛产蜂蜜，其色泽微白，蜜质黏稠，甘甜鲜洁，芳香适口，而且纯净无污染，又具有较高的药用价值，深受人们的喜爱。

▲ 雾漫山村

　　墨湖又名"圣水潭"，分大、小两处，被称为大涝坝和小涝坝。大涝坝潭中有5个泉眼终年向外冒水，且泉水外冒而水不外溢；小涝坝恰恰相反，终年向外流水，流而不干。更奇特的是，墨湖的水一眼望去，犹如储满墨汁的墨砚掉进了泉水里，呈黑色，但盛在碗里又是无色的。

「如诗如画
——夏尔西里草原」

→ 山河百色

夏尔西里草原地处博乐市北部的阿拉套山北麓，与哈萨克斯坦接壤，长66千米、宽25千米，海拔1210~3670米，属温带大陆性气候。

夏尔西里意为"金色山坡"，夏尔西里草原是国家级自然保护区，由于很少有人类活动，自然资源保存完好。1998年，中哈勘界补充规定将这里划归中国，夏尔西里完整地归属中国版图。

▲ 夏尔西里草原

夏尔西里草原境内沟壑纵横，有雪山、高山草甸、山地森林、戈壁荒漠等多种地貌类型，西部为高山地带，东部则为低山和荒漠平原戈壁生态，种群分布同时受中亚、蒙古及西伯利亚植物区系的影响，是多种珍稀野生动植物的集中分布区，保护价值极高。这里的野生动物资源丰富，有赛加羚羊、北山羊、盘羊、棕熊、雪豹等国家重点保护野生动物40余种，有陆栖类动物和鸟类300余种；各种高等植物1676种，占全疆已知高等植物总数量的51%，生物多性极其丰富，被誉为"不可多得的天然基因库"。

▲ 地貌类型多样的夏尔西里

▲ 气候多变的夏尔西里

夏尔西里一山有四季，十里不同天。穿行其间，一时晴空万里，一时阴雨绵绵，转眼又是烟雾朦胧，让人不由惊叹造物之神奇。

⬆ 盛夏花开的夏尔西里

夏尔西里草原繁花似锦，每寸土地都孕育着令人叹为观止的美。调色板上所有的绿色，在夏尔西里都可以找到。在这里，人们对大自然的所有幻想都可以得到满足，而且时常会有出乎意料的惊喜。

夏尔西里最美的季节在7月下旬到8月上旬，这时到处都是如诗如画的风景，让人乐不思归。夏尔西里，游人心中永远的天堂，更是摄影爱好者心中的圣地。

「百万大转场
——阿勒泰草原」

山河百色

阿勒泰草原大转场是地球上最大规模的有组织的大型哺乳动物迁徙之一。转场，是伴随着游牧而产生的生产、生活活动，是"逐水草而居"的牧人的日常。如今，转场在很少的地方还留存着，阿尔泰山脚下就是其中的一个。每年，阿勒泰地区转场牲畜的规模可达百万头只。

百万大转场，足以媲美非洲的百万角马迁徙，远胜北美、北欧驯鹿转场，是传统游牧生活正在远去的背影。

▲ 漫漫转场路

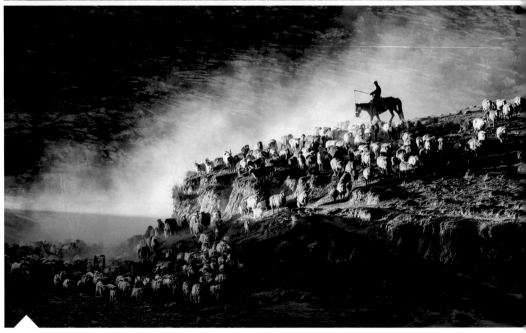

福海县萨尔布拉克转场组图

　　阿勒泰草原位于布尔津县喀纳斯河与禾木河交汇区的山间断陷盆地中，海拔1100~2300米。盆地周围山体宽厚，河流多切割出峡谷，地形复杂。山地阴坡绿草如茵，牛羊满山遍野。

　　每年五六月，阿勒泰地区的牧民就开始了从冬牧场向夏牧场的转场，这也标志着阿勒泰地区百万牲畜大转场启幕。

▲ 大尾羊转场

　　阿尔泰山下的转场延续了千余年，现在仍保留着十几条古老的牧道，保证牧人和牛羊马从冬牧场到夏牧场，再从夏牧场返回冬牧场，年年岁岁周而复始。近年来，阿勒泰地区以"夏避暑，冬嬉雪，春秋两季看转场"为主要特点打造旅游产业，壮观的"百万阿勒泰大尾羊转场"已成为当地独特的文化旅游资源。

▲ 转场牧道

　　福海县吉拉大峡谷—沙尔布拉克—红山嘴牧道，是目前在阿勒泰地区距离最长、转场规模最大、转场文化保存最为完整的牧道，南北单程长度接近480千米，有"千里牧道"之称，是阿勒泰地区牧业转场的典型代表，也是当地打造转场文化旅游的关键节点。这条古老的转场牧道沿途的旅游资源高度富集，资源禀赋高，其中自然资源包括吉拉大峡谷、乌河河谷、额尔齐斯河干流河谷、花岗岩石山、象形石、岩树、森林、喀拉额尔齐斯河支流河谷、阿拉善温泉、蝴蝶谷、姊妹湖、太极草原等；人文资源则包括转场文化、口岸风光、民俗风情与度假民宿风情等。

▲ 那仁草原

▲ 木屋村落

这条转场牧道还将发展成为当地的山区旅游环线，并向西和阿勒泰市将军山拉斯特乡—小东沟森林公园—山区夏牧场—天门—五指泉—汗德尕特滑雪起源地—岩画—阿勒泰市东郊乡村旅游大环线融会贯通，向东和富蕴县可可托海景区贯通，从而与喀纳斯、白沙湖等景区组合为超大型旅游景区，成为阿勒泰地区"千里画廊"，乃至"环阿尔泰山四国游"的重要旅游节点和游客集散地。

秋染额尔齐斯河

晨雾

▲ 禾木秋景

喀纳斯

可可托海

▲ 哈巴河白桦林

▲ 天高地阔